Nachträge

zu dem

Abc Buche der Krystallkunde

von

Karl von Raumer.
Bergrath und Professor in Halle.

Mit Kupfern.

Berlin,
bei G. Reimer.
1821.

Inhalt.

Vorrede.

Es könnte befremden, daß ich fast unmittelbar nach dem Erscheinen meines A b c Buchs gegenwärtige Nachträge schreibe. Die Sache verhält sich so. Das A b c Buch war schon im Oktober 1820 fertig, ich legte es im vergangenen Winterhalbenjahre beim Unterricht in der Krystallkunde zum Grunde. Da ging es mir, wie es öfters dem Verfertiger einer Maschine geht. Hat er dieselbe auch mit aller Sorgfalt ausgearbeitet und möglichst Fehler zu vermeiden gesucht, so findet er doch, wenn er sie in Bewegung setzt, manches was nicht so ist wie es seyn sollte, auch verfällt er dann erst auf diese und jene Vortheile. Als ich mein A b c Buch beim Lehren in Bewegung setzte, da fand ich auch, daß einiges abzuändern sey, es ergaben sich neue Lösungen und neue Aufgaben. Da ich nun nicht glaube, mein A b c Buch dürfte bald eine zweite

Auflage erleben, welcher ich jene Verbesserungen und Zusätze einverleiben könnte, so mache ich dieselben hierdurch für sich bekannt. Einige allgemeinere Betrachtungen schicke ich voraus.

Giebichenstein, den 9. Mai 1821.

I.

Anfänge der Krystallkunde.

Es giebt zwei Wege zur Krystallkenntniß. Der eine geht von sinnlicher Betrachtung natürlicher Krystalle, zur Betrachrung entsprechender Krystallmodelle über, von den Modellen zuletzt auf verständiges Erforschen und Begreifen des mathematischen Gesetzes der Gestalten. Diesen Weg hatte ich vorzüglich im Auge da ich mein A b c Buch schrieb.

Er mögte aber wenigen Lehrern, zumal nicht denen auf Schulen, offen stehn. In der Regel fehlen ihnen Minersammlungen ganz, oder es stehn nur höchst ärmliche zu Gebote, mit deren Hülfe keineswegs der Grund zur Krystallkenntniß gelegt werden kann. Dieser Mangel an guten Sammlungen zwingt daher schon einen zweiten Weg zu wählen, nämlich mit den Bilden von Krystallmodellen in Holz oder Pappe zu beginnen, und von da aus allmählig zur rein mathematischen Betrachtung der Körper fortzuschreiten. — Ich vermuthe daß ein Nürnberger Goldschmid des 16ten Jahrhunderts, Wenzel Jamitzer, diesen Weg mit vielem Glück eingeschlagen. Er*) gab 1568 ein Buch unter dem Titel heraus: Perspectiva corporum regularium etc d. i. eine fleißige Fürweisung wie die 5 regulirten Kör-

*) Vergleiche: Doppelmayr' Historische Nachricht von den Nürnbergischen Mathematicis und Künstlern. S. 160.

per, davon Plato im Timaeo und Euclides in seinen Elementis schreibet :c. ..., in die Perspective gebracht, und darzu eine schöne Anleitung wie aus denselben 5 Körpern ohne End gar viele andere Körper mancherlei Art und Gestalt gemacht und gefunden werden mögen." — Ich habe dies Werk leider noch nicht bekommen können, muß aber nach der angegebenen bedeutenden Zahl der Körper vermuthen, daß der Künstlerinstinkt Jamitzers viele Gestalten dargestellt habe, welche den früheren rein wissenschaftlichen Mathematikern nicht eingefallen, sondern erst später durch Betrachtung der Krystallwelt bekannter geworden sind.

Es lassen sich unter günstigen Umständen beide bezeichnete Wege zur Krystallkenntniß vereinigen. Der Lehrling kann sich einmal in die Betrachtung natürlicher Krystalle vertiefen, und so ganz von der Natur lernen. Dann aber mag er seinen mathematischen Kunsttrieb durch Bildung von Krystallen und Krystallfolgen üben, und so abwechselnd bald der Natur folgen, bald mit glücklich treffendem Sinne voreilen. Dieser Wechsel nährt im Schüler das Gefühl für den Einklang des göttlichen mathematischen Geistes in ihm und in der Schöpfung *). —

*) Auch dem Lehrer, welcher aus Mangel einer Miner-Sammlung den zweiten Weg einschlagen müßte, würde ich inständigst rathen, dem mit Bilden von Krystallgestalten beschäftigten Schüler, wo es nur immer möglich wäre, natürliche Krystalle zu zeigen. Vergl. S. XXI. und XXII. des A b c Buchs.

II.

Wo das AbcBuch eintreten und wohin es führen soll.

Beim Schüler welcher mit der Minerkunde beginnt, muß die sinnliche Auffassung natürlicher Krystalle, auch der schwierigern Krystallgeschlechter mit Zuziehung von Krystallmodellen vorangehn; die Bilder der Körper müssen ihm völlig eigen, sein einfacher Sinn für die Schönheit und das Ebenmaas der Krystalle und ihrer Verwandlungen muß ausgebildet seyn, ehe er sich zu der im AbcBuche aufgestellten Betrachtungsweise wendet. Nur die Einleitnng sollte ihm großentheils verständlich seyn, und die 7 ersten §§. müßten für ihn meist nur eine Wiederholung enthalten.

Der Schüler welcher mit Bilden der Körper beginnet, mögte dagegen manche aufgestellte mathematische Verhältnisse vorwegnehmen müssen, um richtig zu bilden. Er kann wohl den Würfel, das 8flach ohne genauere Anweisung leicht aus dem 4flach schneiden, aber nicht das Rauten12flach und den Leuzit. Hierbei muß er angeleitet werden die Regel selbst zu finden. — Das Ziel wohin ich durch das AbcBuch zu leiten wünschte, ist: die Betrachtung der Krystalle rein geometrisch so weit durchzuführen, daß der Schüler hinreichende Thatsachen erhielte, um von der geometrischen Betrachtung zur trigonometrischen Berechnung überzugehn *).

*) Damit dies einleuchtender werde, habe ich in einem Zusatze zu §. 35. die wichtigsten △e aufgestellt, aus deren Berechnung sich die genauere Bestimmung der meisten Winkel des Würfelgeschlechts unmittelbar oder mittelbar ergiebt.

Es dürfte aber jemand einwerfen: ich habe der Trigonometrie vorgegriffen, indem ich ja von vorne herein Winkelbestimmungen gäbe. Darauf antworte ich: diese Bestimmungen sind durch den Winkelmesser unmitteibar oder mittelbar gefunden. Entgegnet man: wozu diese Bestimmungen durch den Winkelmesser für Größen, welche schon weit schärfer auf trigonometrische Weise berechnet sind, so erinnere ich daran: daß mein Buch ein Abc-Buch, zum Lehren bestimmt sey, nicht als wissenschaftliches System ohne alle Hinsicht auf Lernende auftritt. Ich bin aber überzeugt: der Lehrgang erfordere, daß der Schüler die Winkel zuerst durch Messung nicht durch Rechnung finde, daß er auch diese Größen durch den Winkelmesser sinnlich auffasse.

Die so gefundenen Winkel weichen höchstens um 1° von den durch Berechnung gefundenen ab. Man täusche sich nicht, als mögte diese Abweichung zu Irrthümern in der geometrischen Betrachtung führen. Man könnte jene Winkelgrößen eben so gut durch Buchstaben ausdrücken, ohne daß das geometrische Verfahren im Geringsten dadurch litte. Als Beispiel diene Fig. A., welche mit Fig. 1. des Abc-Buchs völlig übereinstimmt.
Fig. A.
Die Winkel von 90° bei A, B, C, D sind durch den Begriff des Würfels gegeben, daß jeder der 4 Winkel um F gleichfalls 90° hat findet man auf geometrischem Wege. Nun bezeichne den Winkel AEC durch a, so ergeben sich die Ausdrücke für die übrigen aus den Verhältnissen von Nebenwinkeln, Wechselwinkeln und der Winkelsumme eines △s. So erhalten wir bestimmte

Linieneintheilungen z. B. von AD, CE, △e von bestimmten Seitenverhältnissen, z. B. CFG bei einer solchen Winkelbezeichnung eben so gut, als wenn der Winkel a durch Messung zu 55° befunden, und hiernach die Winkelgrößen in benannten Zahlen angegeben worden wären. Es ist klar daß sich diese Winkelbezeichnung durch Buchstaben die ganze Betrachtung des Würfelgeschlechts hindurch führen ließe, man sieht aber leicht wie dürftig und weitläuftig eine solche Bezeichnung wäre. —

Die Berechnung des Gehalts der Krystalle habe ich weggelassen, wo sie sich nicht etwa aus Betrachtung ihrer Gestalten unmittelbar ergab.

Es mögte ein Hauptunterschied zwischen der jungen Krystallkunde und der alt begründeten Mathematik darin liegen, daß jene ganz vorzüglich die körperlichen Gestalten, ihre Gleichmaaße, Verwandlungen, Zerlegungen und Vereinigungen *) ins Auge faßt, den körperlichen Gehalt dagegen mehr als ein Zweites behandelt. Eine ausgebildete Krystallkunde, welche auch ebene Figuren in sich begriffe, würde von Naturgesetzen gezügelt das mit Maas und Ziel leisten, was die Formenlehre Pestalozzischer Schüler einzig in körperlosen Figuren ohne Maas und Ziel verfolgte. — Die herrschende Mathematik hat es dagegen vorzüglich nur mit Ausmessen des körperlichen und Flächen-Inhalts zu thun. Die Gestalten werden von ihr in so fern be-

*) Man denke z. B. an 3 und mehrfachen Durchgang der Blätter und an Zwillings- Drillings-Krystalle.

trachtet, als sie alle auf Quadrat und Würfel zurückgeführt werden müssen, als auf die geltenden gemeinsamen Maaße aller Flächen und Körper. — Es dürften sich für die Mathematik manche neue Betrachtungen ergeben, wenn man einmal andere Figuren und Körper, z. B. das regelmäßige Sechseck, das 8flach oder Rauten12flach, zum allgemeinen Maaße der Figuren und Körper wählen wollte, ohne alle Rücksicht auf Quadrat und Würfel. —

III.

Zusätze.

Zu §. 2.

1. Zu den Hauptkörpern der eigentlichen Würfelsippe gehören auch der Pyramidenwürfel, das Pyramiden8flach und das 48flach, welche aber erst weiter unten betrachtet werden. (Abc Buch §. 25—27. u. §. 35.)

Zu §. 3.

2. „Hält man den Würfel zwischen einer senkrechten Axe, so bilden je 3 Grundgeren der oberen, je 3 Grundgeren der untern Axenecke 2 waagrechte, die Axe rechtwinklig schneidende gleichseitige △e." Ein solches △, z. B. das obere, läßt sich als gemeinschaftliche Grundfläche zweier regelmäßigen Pyramiden ansehen; 3 obere Polkanten sind Pyramidenkanten der oberen, 3 untere Polgeren, Pyramidenkanten der unteren Pyramide. Die 2 Axen beider Pyramiden stehn nun beide senkrecht auf demselben Mittelpunkt ihrer gemeinschaftlichen Grundfläche, d. h. diese Grundfläche,

dies gleichseitige △, schneidet die Würfelaxe unter rechtem Winkel.

3. Verzeichne das Würfelrechteck so: Fig. B. Fig. B
Mache das gleichschenklige rechtwinklige △ abc, verlängre bc bis d, so daß bl = ac. Mache △ aed = △ abd so ist abed ein Würfelrechteck, in welchem ab und ed Kanten, ae und bd Geren, ad eine Axe des Würfels vorstellt. Der Würfel bildet 6 solcher Rechtecke.

4. Beim Würfel sind 2 Hauptschnitte zu betrachten.

a. Der schon erwähnte durch 2 #e Geren, welcher das Würfelrechteck erzeugt. Ich will ihn den Gerschnitt nennen.

b. Ein zweiter durch die Mitten 4 #er Kanten, den ich Kantschnitt nenne.

Da jedem Körper des Würfelgeschlechts ein Würfel um, ein anderer Würfel eingeschrieben werden kann, so läßt sich an jedem die Lage des Gerschnitts und Kantschnitts nachweisen. Z. B. der Gerschnitt liegt in derselben Ebene mit dem 8flachdurchschnitt (S. 17), der Kantschnitt in derselben Ebene mit einem Schnitt durch 4 Kanten des 8flachs.

Sucht man an allen Körpern des Würfelgeschlechts diese 2 Schnitte auf, so befördert dies sehr die Einsicht in die wechselseitigen Verhältnisse und die einigende Verwandschaft derselben.

5. Fig. 1. des AbcBuchs. Hier ist hf = af — ah = $\frac{5}{6}$ — $\frac{2}{3}$ ad = $\frac{1}{6}$ ad = $\frac{1}{6}$ cb = $\frac{1}{3}$ cf. Das △ chf hat 90°, 70°, 20°. Da nun hf = $\frac{1}{3}$ cf so folgt, daß im △ von ungefähr 90°, 70°, 20° die Seite welche dem

Winkel von 120° gegenüber liegt, $\frac{1}{3}$ der Hypotenuse ist. (Vergl. Abc Buch S. 67. und S. 15.)

Zu §. 8.

6. S. 16. (zwischen 4 und B einzuschalten).

Man zerlege das dem Würfel A eingeschriebene 8flach Z durch seine 3 Kantengevierte. Es zerfällt in 8 3seitige Pyramiden. Jede solche Pyramide ist = einer Pyramide welche vom Würfel A abgeschnitten wird, um den Mittelkrystall zu bilden. Denn die Grundflächen beider Pyramiden sind gleichseitige △e, deren Seite = der halben Gere des Würfels A, ihre Pyramidenkanten sind = der halben Kante, ihre Höhen = $\frac{1}{6}$ der Axe desselben Würfels A. Daß die Höhe der Pyramide welche vom Würfel abgeschnitten wird um den Mittelkrystall zu bilden = $\frac{1}{6}$ der Axe sey, beweise so:

Fig. C. Fig. C. abcd. Würfelrechteck. Nach Fig. 2 schneidet ce in o $\frac{1}{3}$ von ad ab. Hälfte ac in f, ae in h. Ziehe fh, so bezeichnet fh die Höhenline vom △ des Mittelkrystalls.

△ fah ∾ △ cae.

an : ao = af : ac = 1 : 2. Da ao = $\frac{1}{3}$ ad, so ist an = $\frac{1}{6}$ ad.

Zu §. 9.

7. S. 19. „Stumpft man die Kanten eines Würfels ab ꝛc." Eine einzelne solche Abstumpfungsfläche bildet ein Rechteck, 2 seiner Seiten laufen # 2 #en Geren, 2 andere Seiten laufen # 2 #en Kanten, welche mit jenen Geren ein Würfelrechteck bilden. Diesem Würfelrechteck ist daher die Abstumpfungsfläche #; mithin # zweien Würfelaxen welche sich in jenem Recht-

eck kreuzen. Jedem der 6 Würfelrechtecke läuft ein Paar Abstumpfungsflächen zweier #er Kanten #. Jede Würfelaxe ist Gere von 3 Würfelrechtecken, mithin laufen ihr 3 Paar Abstumpfungsflächen von Kanten #, jedes Paar ist unter sich #.

Daher laufen jeder 3kantigen Axe des Rauten12flachs ebenfalls 6 Flächen #.

8. S. 24. „Hieraus folgt.... daß die Kante des Rauten12flachs.... halb so groß als die 3 kantige Axe des Rauten12flachs ist.“.... Schalte ein: die 4kantige Axe des Rauten12flachs verhält sich zur 3kantigen, wie 2 Würfelkanten zur Würfelaxe = 2 : $\sqrt{3}$.

9. S. 28. Z. 5. v. o. „Ihre Säulenkanten.... sind $\frac{2}{3}$ der ursprünglichen Kanten.“ Schalte ein:

Die Kante bc im Durchschnitt Fig. 16 sey = der Seite bc der Raute Fig. 17, d. h. diese Raute sey Raute des 12flachs dessen Durchschnitt Fig. 16 giebt. Dann sind die gleichwinkligen △e bic (Fig. 16) und ecd (Fig. 17) gleich und ähnlich, daher (Fig. 17) ce = ci (Fig. 16).

Es ist aber ci = lh = der halben Kantenaxe des Rauten12flachs und der 6seitigen Säule, welche aus dem 12flach geschnitten werden kann. Oder ci ist = dem längern Halbmesser der 6seitigen Endfläche dieser Säule.

ce (Fig. 17) ist aber eine Endkante derselben Säule, oder eine Seite jener 6seitigen Endfläche.

Ein 6eck dessen Seite (ce Fig. 17) = seinem längern Halbmesser (lh Fig. 16) ist regelmäßig.

Also ist der rechtwinklige Durchschnitt durch 6 Seitenkanten jener 6seitigen Säule ein regelmäßiges Sechseck, und der Kantenwinkel dieser Säule wie des Rauten12flachs $= 120^\circ$.

10.[a] Die Kantenaxe des Rauten12flachs : Flächenaxe (od. langen Gere) = dem längern : kürzeren Halbmesser eines regelmäßigen 6ecks, oder wie im △ von 90° 60°, 30° die Hypotenuse : Seite welche den Winkel von
Fig. D. 60° gegenübersteht $= 2 : \surd 3$. — Fig. D. ab ... f Kandurchschnitt des 12flachs, in welchem be Kantenaxe im Flächenaxe. Es ist nun bz : iz $= 2 : \surd 3$.

10.[b] Im △ von 90°, 60°, 30° aerhalten. sich 2 Katheten, wie die Würfelkante : Würfelaxe $= 1 : \surd 3$. Hieraus ergiebt sich eine zweite Art die Raute des Rauten12flachs zu beschreiben, welche (wie Wackernagel richtig bemerkte) schon aus Betrachtung des 4flach Durchschnitts hervorgeht.

Fig. E. Fig. E. abc gleichseitiges △, dessen Höhenlinie bd. Faße bd in den Zirkel, und schneide damit von a und c aus, be ab. Ziehe ae und ec, so ist im △ edc, dc = Würfelkante, ed = Würfelgere, ec = Würfelaxe. Mache df = ef, ziehe af, fc, so ist aecf Raute des Rauten12flachs. — Nimmt man wiederum de in den Zirkel, und schneidet damit von a aus gh und hi ab, so ist agch ein Geviert. Es ist klar, wie man umgekehrt von einem Geviert, durch die Raute des Rauten12flachs, zur Raute von 120° fortschreiten kann.

Zu §. 11.

11. S. 37. „Die lange Leuzitgere ist also die Hälfte einer der 6 4kantigen Axen." —

Dies

Dies läßt sich auch so zeigen. Halt den Leuzit zwischen einer senkrechten 3kantigen Axe, so sind 6 Flächen senkrecht, dieser Axe # — weil 6 (abgestumpfte Kanten des umschriebenen 12flachs einer 3kantigen 12flachs-Axe # sind. 6 waagrechte längere Leuzitgeren bilden ein regelmäßiges Sechseck, welches dem gleich, das aus Verbindung der Mitten von 6 Flächen des umschriebenen 12flachs, die # derselben 3kantigen 12flachs-Axe sind, entsteht. Fig. D. ab.... f ein regelmäßiges 6eck stelle den Durchschnitt durch 6 #e Kanten des dem Leuzit umschriebenen 12flachs vor, so fallen 6 ungleich 4kantige Leuzitecken in die Punkte ghiklm. gh, hi, ik, kl, lm, mg, die Seiten des eingeschriebenen Sechsecks sind lange Leuzitgeren, deren jede halb so lang als im, als die ungleich 4kantige Leuzitaxe.

12. S. 39. Nach Z. 4. v. u. — Die Hauptleuzitaxe : dreikantigen Axe = 4kantige 12flachsaxe : 3kantigen 12flachsaxe = 2 Würfelkanten : Würfelaxe = $2 : \sqrt{3}$.

12*b*. S. 41. „Die Axe der aufgesetzten Pyramide ist $\frac{1}{6}$ dieser Flächenaxe.... des eingeschriebenen Rauten12flachs" — Füge hinzu. Bilde 2 rechtwinklige $\triangle$e, eins aus der Axe der betrachteten Pyramide und der kurzen Gere ihrer Grundfläche, das zweite aus derselben Axe und der langen Gere derselben Grundfläche. Es ist klar, daß die Leuzitkante, welche Hypotenuse des ersten $\triangle$s, kürzer seyn muß als die Leuzitkante, welche Hypotenuse des zweiten. Wodurch bewiesen ist, daß 6 $\times$ 4 Kanten des Leuzit länger als

8×3, welche in den 3kantigen Ecken zusammenstoßen.

13. S. 43. „Verbindet man die unter 1, 2, 3, aufgeführten 2 und 2 und 1 Schnitte, so wird die 3kantige Axe in $6 \times \frac{1}{6}$ zerlegt." Füge hinzu:

Hiezu kommen 2 Schnitte, welche nicht unmittelbar aus Vergleichung mit dem Rauten12flach hervorgehn. Halt nämlich die 3kantige Leuzitaxe senkrecht, und stumpfe beide 3kantige Polecken, jede durch ihre 3 Grundgeren, (3 lange Leuzitgeren) ab. Die 3 obern und 3 untern durchschnittenen kurzen Leuzitgeren, werden, wie wir wissen, in $\frac{1}{3}$ und $\frac{2}{3}$ zerlegt.

Fig. F. Fig. F. Leuzitdurchschnitt (wie Fig. 23). Theile die kurze Gere ac durch b in $\frac{2}{3}$ und $\frac{1}{3}$, ziehe bd, so stellt bd die Höhenlinie der Grundfläche einer auf angegebene Weise abgestumpften 3kantigen Ecke dar.

$\triangle$ acg $\sim$ $\triangle$ bcf,

da bf $\#$ ag. Es ist daher

gc fc = ac : bc = 3 : 1

da nun gc = $\frac{1}{6}$ hc, so ist fc = $\frac{1}{18}$ hc

Verbindet man nun die eben betrachteten 2 Schnitte mit den 5 vorigen, so wird die 3kantige Axe in $2 \times \frac{1}{18}$, $2 \times \frac{2}{18}$ und $4 \times \frac{3}{18}$ zerlegt.

Da in Fig. E. fd $\#$ ge $\#$ kl, so verhält sich

le : ed = kg : gf = 3 : 2

d. h. der Schnitt, welcher eine 3kantige Leuzitecke durch 3 ihr in der kurzen Gere gegenüberliegenden Hauptecken abschneidet, schneidet zugleich von 3 kürzern Leuzitkanten $\frac{2}{5}$ weg.

14. S. 44. „Die Flächenaxe des umschriebenen 12flachs verhält sich also zur Flächenaxe des eingeschriebenen $= \frac{8}{8} : \frac{6}{8} = 4 : 3$". Ich füge hier eine zweite Art, dies Verhältniß zu finden, bei:

Halt die 3kantige Leuzitaxe senkrecht, und betrachte 3 waagrechte regelmäßige 6ecke.

Fig. G. 1) ab.... f. 6eck, dessen 6 Winkel in 6 ungleich kantige Leuzitecken, oder in die Flächenmitten des dem Leuzit umschriebenen Rauten12flachs fallen. Seine 6 Seiten sind 6 waagrechte lange Leuzitgeren. Fig. G.

2) gh... m, dessen Winkel in die Punkte fallen, wo jene 6 lange Leuzitgeren von 6 kurzen gekreuzt werden — oder in $\frac{1}{3}$ und $\frac{2}{3}$ Punkte von 6 Kanten des eingeschriebenen 12flachs.

3) no... s, dessen Winkel in die Hälftpunkte der Seiten des vorigen 6ecks, d. i. in die Flächenmitten des dem Leuzit eingeschriebenen 12flachs fallen.

△ çai von 90° 60° 30°. $cq = \frac{1}{2}\, ic = \frac{1}{4}\, bc = \frac{1}{4}\, zc$.

Daher

$qz : c = qn : cf = 6 : 8 = 3 : 4$

d. i. die Flächenaxe qn des dem Leuzit eingeschriebenen 12flachs ist $\frac{3}{4}$ cf der Axe des dem Leuzit umschriebenen 12flachs.

Die Figur G zeigt auch, daß $ik = \frac{1}{2}\, hl$, d. i. die Linie, welche die Gerkreuzpunkte 2er Leuzitflächen verbindet, die einander an einer ungleich 4kantigen Ecke gegenüber liegen, ist $\frac{1}{2}$ der Flächenaxe des Leuzit. Dies geht schon daraus hervor, daß dieselbe Linie $\frac{1}{2}$ der Kantenaxe des eingeschriebenen Rauten12flachs ist.

15. S. 45. „Fügt man den 3 Schnitten einen durch 4 obere einen durch 4 untere 3kantige Ecken zu, so zerfällt die Axe in $2 \times \frac{2}{12}$, $2 \times \frac{1}{12}$ und $2 \times \frac{3}{12}$". Schalte folgendes ein.

Aus den angestellten Betrachtungen ergeben sich unmittelbar oder mittelbar mehrere Arten den Durchschnitt eines Leuzits durch 8 längere Kanten zu verzeichnen, welchen Durchschnitt ich kurz: das Leuzit8eck nennen will.

Fig. H. a) Fig. H. fhkm sey der Durchschnitt durch 4 lange Geren des dem Leuzit eingeschriebenen 12flachs, tu, rs sind Flächenaxen desselben 12flachs. Verlängere diese 2 Axen an jedem Ende um $\frac{1}{6}$ ihrer selbst, bis e, g, i, l, ziehe ef, fg, gh, hi, ik, kl, lm, me, so ist das 8eck ef... m der gesuchte Durchschnitt.

b) Fig. H. abcd sey der Durchschnitt durch 4 lange Geren des dem Leuzit umschriebenen 12flachs, in deren Mitten i, g, e, l, die ungleich 4kantigen Ecken des eingeschriebenen Leuzits fallen. Verkürze die 2 4kantigen Axen ac und bd des 12flachs an jedem Ende um $\frac{1}{8}$, so erhälst du die Haupt-Axen des eingeschriebenen Leuzits (oder des 12flachs, welches diesem eingeschrieben ist). Ziehe wiederum ef, fg, gh, hi, ik, kl, lm, me, so ist das 8eck ef..., m wiederum das gesuchte Leuzit8eck *).

In der Figur H ist hk = rs. Daher ist in dem △ hik die Höhe is = $\frac{1}{6}$ seiner Grundlinie hk. Zwei solcher △e mit einer gemeinschaftlichen Grundlinie bilden eine Raute, deren kurze Gere zur langen Gere sich verhält wie 1 : 3. Im rechtwinkligen △ isk verhält sich die Kathete is : Kathete sk = 1 : 3.

*) Diese 2te Art der Verzeichnung fand Wackernagel zuerst.

Fig. I. Durchschnitt des umschriebenen Rauten-12flachs (wie Fig. H.) und des eingeschriebenen Leuzits. In das Geviert abcd beschreibe das Geviert igel, welches die 4 ungleich 4kantigen Ecken des Leuzit8ecks verbindet. Fig. I.

Wir wissen, daß ge = $\frac{4}{6}$ fk, fn = $\frac{1}{6}$ fk. Im △ efg verhält sich daher die Höhe fe zur Grundlinie ge = 1 : 4. Zwei solcher △e mit einer gemeinschaftlichen Grundlinie bilden also eine Raute, deren kurze Gere zur langen sich wie 1 : 2 verhält. Im rechtwinkligen △ gfn verhält sich die Kathete fn : Kathete gn = 1 : 2. Den Winkel ghi findet man durch Messung zu ungefähr 127°, den von hik zu ungefähr 143°. Die Fortsetzung dieser Betrachtung siehe in den Zusätzen zum folgenden §.

16. S. 47. zur 10ten Anmerkung. —

Einfacher ist folgende Art, das Leuzittrapez zu beschreiben.

Fig. K. △ abc, ab und bc 2 kurze Leuzitgeren, welche an derselben Hauptecke b einander gegenüber liegen. Sie entsprechen 2en Kanten des eingeschriebenen 12flachs. Das △ abc, ist ≅ der halben Raute dieses 12flachs, ac also = dessen langer Rautengere. Theile bc durch f in $\frac{1}{3}$ und $\frac{2}{3}$. Rechtwinklig durch f ziehe de so, daß df = fe = $\frac{1}{3}$ ac; ziehe dann cd, db, be, ec, so ist dbec das gesuchte Leuzittrapez. Fig. K.

S. 53. Vor C. a. einzuschalten.

Fig. L. Leuzitdurchschnitt mit eingeschriebenen Würfelgerschnitt. Fig. L.

Im △ led ist

ld = $\frac{1}{2}$ df = $\frac{1}{2}$ Würfelkante

le = $\frac{1}{6}$ il = $\frac{1}{6}$ Würfelgere

d. i. ld : le wie Kathete : $\frac{1}{3}$ Hypotenuse eines gleichschenkligen rechtwinkligen △s = 1 : $\sqrt{\frac{2}{3}}$.

Zu §. 12.

18. S. 55. vor §. 13.

Ich habe bei Betrachtung des Verhältnisses zwischen Würfel und Leuzit einzig den Gerschnitt des Würfels und den ihm entsprechenden Leuzitdurchschnitt berücksichtigt.

Fg. M. Fig. M. ab... h stellt das Leuzitseck vor, mnop den Kantschnitt des dem Leuzit umschriebenen Würfels. Verlängere die Hauptleuzitaxe ae nach beiden Seiten. Verlängere die Kanten bc, cd bis sie in q und u jene verlängerte Axe treffen. Da qu # bd, so ist △ bcd ∾ △ qcu. Daher cs : qu = cv : bd = 1 : 4. In dem △ qgu, welches ≅ △ qcu ist ebenfalls gs : qu = 1 : 4.

In der aus beiden △en zusammengesetzten Raute qcug ist daher die kurze Gere gc = $\frac{1}{2}$ der langen Gere qu.

Es ist also auch die Hälfte der kurzen Gere $\frac{1}{2}$ von der Hälfte der langen.

sc = se = $\frac{1}{2}$ su oder se = eu

△ cus ∾ △ iue, da ie # cs

ie : cs = ue : us = 1 : 2.

Da ne = cs so ist ne in i gehälftet. Eben so pe in l. Anzuwenden auf mo.

Man verfahre nun auf dieselbe Weise um die Raute axey zu bilden. Alles in Bezug auf die Raute qucg Gesagte gilt auch für die Raute axey, und es sind hierdurch die Linieneintheilungen der Figur M begründet. Hieraus ergeben sich nun eine 3te und 4te Art, das Leuzitseck zu beschreiben.

a) Durch 2 gleiche und ähnliche Rauten. Diese Art habe ich im Abc Buche Fig. 57. dargestellt und S. 131. betrachtet. Sie wird aber besser hierhergezogen.

b) In ein Geviert auf eine Weise, wie Fig. N. besonders zeigt. Auf diese Figur kommen wir bei Betrachtung des Kies12flachs zurück. Fig. N.

Fig. O. Eine 5te Art, das Leuzitseck zu verzeichnen folgt daraus, daß wir (Fig. H.) in dem △ hik, is = $\frac{1}{6}$ hk fanden. Fig. O

Ziehe nämlich (Fig. O.) il und km so, daß sie sich in n unter rechtem Winkel hälften. Mache

nc = ng = $\frac{1}{6}$ km

an = ne = $\frac{1}{6}$ il

Ziehe ak, ke, em, ma und ic, cl, lg, gi, so ist abc... h das Leuzitseck.

Diese Verzeichnung verbunden mit der Fig. 57. giebt die Fig. P., einen Stern, um welchen sich ein Geviert beschreiben läßt. (Vergleiche den folgenden Zusatz). Fig. P.

Eine 6te und 7te Art der Verzeichnung des Leuzitsecks zeigt Fig. Q. Sie stellt das Leuzitseck ab... h durch 2 Kiesrauten gebildet, dar, ganz wie Fig. 57. Verlängere je 2 Rautenseiten — wie uc, vc — über den stumpfen Winkel (c), in welchem sie zusammenstoßen, hinaus, bis sie (in w und x) die Seiten der 2ten Raute treffen. Mit andern Worten, verlängere die abwechselnden Seiten des Leuzitsecks (z. B. bc und de) bis sie Fig. Q.

(in x) zusammenstoßen. So entstehn 2 Gevierte xyzα und wβγδ. Daß die Winkel dieser Gevierte rechte sind, beweise so. Betrachte Fig. iδgα. In ihr sind die Winkel $g + i = 180^\circ$, da $g =$ Winkel e. Also sind die Winkel $\delta + \alpha$ auch $= 180^\circ$, da sie aber einander gleich, so ist jeder $= 90^\circ$ ($\triangle$ δig $\cong$ igα).

1) $\triangle$ bcw $\cong$ $\triangle$ cxd. 1. S. 2. W. Also $xd = bw$ und $wi = ix$.

2) $\triangle$ wix ist gleichschenklig. $wx = il$
$\triangle$ wcx ist gleichschenklig. $cl = \frac{1}{4}\,wx = \frac{1}{4}\,il$.
} was sich aus den Eigenschaften der Kiesraute ergiebt.

$il + lc = \frac{5}{4}\,il = cn$. Daher $ic - lc = \frac{4}{5}\,cn$. Wir wissen, daß $mc = \frac{1}{2}\,mn$. Hiernach ist die Linie ik eingetheilt.

3) $lp = E\zeta = \frac{12}{10} = \frac{36}{30}\,cg$. Da $nl = np = \varepsilon n = n\zeta$ und die Winkel um n rechte sind, so läßt sich durch die Punkte lζpE ein Geviert beschreiben. Da wx # εζ # zγ und yδ # lp # βα, so fallen die Seiten des Gevierts in die 4 Linien wx.

Da $wx = il = \frac{42}{60}$ ik; $qr = lp = \frac{36}{60}$ ik, so ergiebt sichs, daß qr in w und x geztheilt wird, und eben so die 3 andern Seiten des Gevierts.

Daraus folgt, daß man ein Leuzit8eck beschreiben kann, indem man die Seiten eines Gevierts 3theilt, und aus jedem Theilpunkt wie y, 2 Linien wie yx und yz zieht.

4) $\triangle$ bcm $\sim$ $\triangle$ clx (3 W.) Also $cx : bc = lc : cm = 3 : 5$. Da $bc = cd$, so ist $cx : cd = 3 : 5$.

Mithin muß, nach dem pythagorischen Lehrsatze xd die 3te Seite des △s cxd = 4 seyn.

5. △ yba ≌ △ bwc ≌ △ cxd, also yb = xd. Daher yb : bc : cx = 4 : 5 : 3. In solche Theile ist demnach yx die Seite des Gevierts xyzα gefällt, und so alle Seiten desselben.

6) Theile also die Seiten eines Gevierts xyzα in 3, 4, 5 Theile, wie Fig. R. zeigt, ziehe dann ba, ha, fe, Fig. R. dc, so ist ab... h ein Leuzit8eck *).

Eine 8te Art, das Leuzit8eck zu verzeichnen, zeigt Fig. S. Sie ergiebt sich, wenn man von Fig. H. alle Fig. S. Seiten des Leuzit8ecks von den Punkten g, i, l, e aus, bis in die Seiten ab, bc, cd, da des 12flachdurchschnitts verlängert.

Zu §. 13.

19. S. 61. Vor B einzuschalten.

Zu den hier aufgestellten Bestimmungen des Verhältnisses der Hauptleuzitaxe zur ungleich 4kantigen Axe, fand Wackernagel eine neue einfache.

Fig. T. Leuzit8eck. Rechtwinkliges gleichschenkliges △ bik, die Hauptleuzitaxe cg = 3 bi = 3 Katheten, die ungleich 4kantige Axe bf = 2 bk = 2 Hypotenusen desselben gleichschenkligen △s. Fig. T.

Bezeichnen wir die Hauptaxe durch H, die ungleich 4kantige Axe des Leuzit durch U, die Kathete eines

*) Die beiden letzteren Arten das Leuzit8eck zu beschreiben, fand Wackernagel zuerst, aber auf einem andern Wege, da er von dem Geviert (Fig. Q.) qrst ausging, dessen Seiten 3theilte, und 4 und 4 Theilungspunkte zu 2 Gevierten verband.

gleichschenklig rechtwinkligen △s durch K, seine Hypotenuse durch H, so haben wir folgende Gleichungen.

a) Nach Fig. F. ist H : U = 3 K : 2 H
b) Nach Fig. P — — = $\frac{1}{2}$ K : $\frac{1}{3}$ H.
c) Nach Fig. 27^c — — = 2 K : $\frac{4}{3}$ H.
d) Desgleichen — — = K : $\frac{2}{3}$ H
} = 3 K : 2 H.

e) Nach Fig. 27^a — — = H : $\frac{4}{3}$ K.
f) Nach Fig. 27^b — — = $\frac{2}{3}$ H : $\frac{8}{9}$ K.
} = 3 H : 4 K.

D. i. H : U = 3 K : 2 H. = 3 H : 4 K.

Daß sich aber 3 K : 2 H = 3 H : 4 K. verhalten, zeigen
Fg. UV gen Fig. U und V, nach welchen diese Gleichung ins Quadrat erhoben so lautet:

$$9 : 8 = 18 : 16$$

d. i. $3 : \sqrt{8} = \sqrt{18} : 4$

$$\sqrt{144} = 12$$

$$12$$

Zu §. 15.

20. S. 68. zu Fig. 31. afb stellt eine halbe Raute des Rauten12flachs vor, acb desgleichen, nur daß ab lange Gere der ersteren, kurze Gere der zweiten ist. Da das △ bfc = △ bfg, und △ afg = △ afc (bei gleichen Höhen und gleichen Grundlinien), so ist afb = $\frac{1}{2}$ acb, und die 12flachsraute deren kurze Gere = der langen Gere einer andern 12flachsraute, ist die Hälfte dieser andern. Vergleiche Fig. 43.

21. S. 68. „die Kantenaxe wird im Mittelpunkte des 4flachs gehälftet." Dies läßt sich so beweisen.

Fig. W. Würfelrechteck ahkb mit eingeschriebenem 4flachs Durchschnitt acb. cg Kantenaxe des 4flachs. Ziehe ak und hb. Fg. W.

$\triangle$ afg $\cong$ $\triangle$ cfk. 1 S. und 3 W.
daher gf = fc. Was zu beweisen war.

Auch zeigt Fig. W. schon, daß die 4flachsaxe ae im Mittelpunkte f des 4flachs in $\frac{1}{4}$ und $\frac{3}{4}$ zerlegt wird.

Zu §. 16.

22. S. 72. Die Verhältnisse der Fig. 34. lassen sich einfacher darstellen.

Zu §. 17.

23. S. 83. Der 19ten Anmerkung füge hinzu: auch $\frac{1}{3}$ der Kante des so gebildeten Rauten12flachs.

Zu §. 18.

24. S. 86. Die Verhältnisse der Figur 37 lassen sich einfacher darstellen.

Zu §. 25.

25. Das Pyramiden8flach und der Pyramidenwürfel sollten anders behandelt seyn. Es muß als das Haupt einer Reihe von Pyramiden8flachen dasjenige zuerst betrachtet werden, welches aus Abstumpfung der 8 $\times$ 3 kürzeren Leuzitkanten entsteht. Eben so muß der Pyramidenwürfel an die Spitze aller übrigen gestellt werden, welcher aus Abstumpfung der 6 $\times$ 4 längern Leuzitkanten entspringt. Diesem Haupt der Pyramidenwürfel folgte dann die Betrachtung des Kies12flachs, als eines halben solchen Würfels. (Vergleiche S. 136. Anm. 35. und S. 159).

Zu §. 28.

26. S. 116. Z. 9. v. o. Der Ausdruck Queergere
Fig. X ist nicht gut gewählt. Fig. X. Kies5eck, dessen Hauptkannte ab. dec heiße die **Hauptgere**, be und ce **Seitengeren**, ac und db, **Kreutzgeren**.

27. S. 116. vor B. Vergleichen wir nun Fig. 48. mit Fig. N. so ergiebt sichs, daß 2 **Hauptlinien des Kies12flachs in der Mitte einer Hauptkante unter demselben Winkel zusammenstoßen, wie 2 längere Leuzitkanten an einer Hauptecke.** Denn beide Winkel werden auf völlig gleiche Weise in ein Geviert verzeichnet. Wir werden sehen, daß also aus regelmäßiger Abstumpfung 12 längerer Leuzitkanten, das Kies12flach hervorgeht. Aus demselben Grunde, warum ich die Betrachtung des Verhältnisses von Rauten12flach und Leuzit der des Verhältnisses vom Würfel und Leuzit vorausschickte, hätte ich vielleicht auch die Betrachtung von Kies12flach und Leuzit der von Kies12flach und Würfel voranschicken sollen. Nämlich deshalb, weil Leuzit und Kies12flach aus dem Würfel nicht auf so einfache Art hervorgehen als Leuzit aus dem Rauten12flach und Kies12flach aus dem Leuzit. (Vergleiche S. 159).

S. 119. vor §. 29. einzuschalten. Die Kiesraute stimmt demnach völlig mit den 2 Rauten Fig. M. überein. Es ergiebt sich nun eine leichte Art das Kies5eck (5eck des Kies12flachs) zu verzeichnen.

Fig. Y. Fig. Y. abc. sey der Durchschnitt durch 2 in der Mitte b derselben Hauptkante zusammenstoßende Hauptlinien. Es ist also ac = der Hauptaxe.

Bekannt ist, daß db' = $\frac{1}{4}$ ac.

Durch b ziehe im rechten Winkel mit bc die Linie ef, und zwar so daß eb = bf = $\frac{1}{4}$ ac, also ef = $\frac{1}{2}$ ac.

Mache ic = $\frac{1}{3}$, also ib = $\frac{2}{3}$ bc. Durch i ziehe # ef die Linie hg; so daß hi = ig = $\frac{1}{3}$ ac, also hg = $\frac{2}{3}$ ac.

Ziehe nun eh, hc, cg, gf, so ist ehcgf das verlangte Kies5eck, denn

die Hauptkante ef = $\frac{1}{2}$ ac der Hauptaxe

die Hauptgere hg = $\frac{2}{3}$ ac — —

— — = $\frac{4}{3}$ ef der Hauptkante.

Die Hauptgere hg theilt die Hauptlinie bc in $\frac{1}{3}$ und $\frac{2}{3}$ *)

So hat die Figur alle Eigenschaften des Kies5ecks. — Wackernagel fand eine zweite Art dasselbe zu verzeichnen. Er legte ein Verhältniß des Kies12flachs zum Grunde das ich übersehn hatte. Es ist nämlich die ungleich 3kantige Axe $\frac{1}{2}$ und # der Hauptlinie. Fig. Z. Fig. Z

ab $\underline{\#}$ cd = $\frac{1}{2}$ de.

Mache nun ig = dc = ab, der Hauptlinie. Theile diese in k, so daß ki = $\frac{2}{3}$ ig. Ziehe durch k rechtwinklig fh = $\frac{4}{3}$ ad so daß fk = kh. Ziehe nun af, fg, gh, hd, so ist dafgh das gesuchte 5eck des Kies12flachs, dessen Durchschnitt abenod ist. Der Beweis ergiebt sich aus der Verzeichnung.

Eine 3te Art das Kies5eck zu verzeichnen werde ich weiter unten geben.

Zu §. 29.

29. S. 123. „Theilen wir die Axe des umschriebenen 8flachs in 12 Theile ꝛc." Fig. Z*a*. möge diese Fig. Z*a*

*) Ausgenommen bc, bezeichnen alle Zahlen der Figur Y, 12tel der Hauptaxe ae.

Eintheilung dem Anfänger anschaulich machen. Bloße Zahlen verwirren ihn oft zu leicht, was bei einer Versinnlichung unmöglich wird.

Fig. Zb 30. S. 124. Fig. Zb. diene zur Veranschaulichung des Verhältnisses zwischen dem Kies12flach und dem 8flach. In den 8flachsdurchschnitt ABCD ist der Durchschnitt Eb FHd G des eingeschriebenen Kies12flachs eingeschrieben, welcher durch eine Hauptaxe, 4 gleichkantige Ecken und 2 Hauptgeren geht.

Er mögte am bequemsten so verzeichnet werden. Beginne mit EFGH, dem Rechteck des dem Kies12flach eingeschriebenen Würfels. Verlängre die Flächenaxe nm dieses Würfels an jedem Ende um $\frac{1}{4}$ ihrer selbst — bis b und d — (Vergl. Fig. 49) — ziehe dann Eb, bF, FH, Hd, dG, GE, so ist Eb FHdG der gesuchte Kiesdurchschnitt. In diesem ist wiederum der Durchschnitt eines 8flachs, in diesem ein 2ter Kiesdurchschnitt beschrieben.

Zu §. 30.

31. S. 126. Die Punkte cidk der Fig. 54. lassen sich schon darnach bestimmen, daß ik $\#$ cd $= \frac{1}{2}$ ci $= \frac{1}{2}$ dk seyn muß, nach dem Verhältniß der Hauptkante zur Hauptaxe des Kies12flachs.

Fig. Zc 32. S. 128. Fig. Zc. Durchschnitt des Kies12flachs mit umschriebenem Rauten12flach. Verlängere ca bis sie FG trifft. Ziehe di welche $\#$ ca.

$$\triangle\ a\ Fz \sim \triangle\ m\ Fi \quad \text{daher}$$

$$Fz : zi = Fa : am = 3 : 6$$

Hiernach ist FG eingetheilt. Der einzelne Zuschärfungsschnitt geht also vom $\frac{1}{3}$ Punkt c der Linie EF zum $\frac{2}{6}$

Punkt z der Linie FG. (Zuerst von Wackernagel gefunden).

Zu §. 31.

33. Da aus dem 28sten Zusatz klar hervorgeht, daß 2 längere Leuzitkanten die an einer Hauptleuzitecke einander gegenüber liegen, denselben Winkel bilden, wie 2 Hauptlinien des Kies12flachs in der Mitte einer Hauptkante, so wissen wir, daß aus regelmäßiger Abstumpfung von 6 Paar längern Leuzitkanten, von 2 einander an jeder Hauptecke gegenüber liegenden ein Kies12flach entsteht*). Ich bitte nun den Leser den 31sten §. von S. 128 bis S. 137 zu überschlagen, da hier erstlich mit Hülfe von Fig. 56 das eben Gesagte weniger klar bewiesen ist, dann eine Angabe das Leuzit8eck zu verzeichnen folgt, welche besser zu §. 12 gezogen wird, wie ich oben schon erwähnt habe.

34. S. 136. Vor C.

Zur nähern Bestimmung einiger Verhältnisse der Fig. 58. diene Fig. Zd. Fig. Zd.

a) ld = $\frac{1}{18}$ ku.

Theile oe in 12 Theile, so ist ye = 3, ze = 2.

Ersteres ist bekannt, da oy : oe = 3 : 4.

Das Zweite läßt sich darthun, wenn man de und ef verlängert, bis sie in die verlängerte Axe vw treffen. In dem so gebildeten Kies3eck würde die Linie df $\frac{1}{3}$ der Höhenlinie oe wegschneiden, daher d $\frac{1}{6}$ oder $\frac{2}{12}$ wegnimmt.

*) Die Kanten welche 2 Paar Abstumpfungsflächen an 2 Ecken derselben Leuzit-Axe bilden laufen #, die Durchschnitte von 3 Paar solchen Kanten schneiden sich unter rechten Winkeln.

$\triangle$ lum $\backsim$ $\triangle$ dun daher

du : ul = uz : yu = 8 : 9

alſo dl = 1/[illegible] lu = $\frac{1}{18}$ ku.

b) Ziehe die ungleich 3kantige Axe ul des Kies12flachs. ol = ik

$\triangle$ πck $\backsim$ $\triangle$ okl da ſie gleichwinklig.

πc : ol = ck : ko = 1 : 3.

Es verhält ſich aber

lk : pk : bc = 9 : 6 : 8

Da nun πc = $\frac{1}{3}$ ol = $\frac{1}{3}$ ik = $\frac{3}{9}$ ik, ſo iſt es $\frac{3}{8}$ bc. Die Abſtumpfung der Leuzitkante, aus welcher die Fläche des eingeſchriebenen Kies12flachs entſteht, geht daher von d (der Hälfte der Kante de) zu π, dem Punkte welcher bc in $\frac{3}{8}$ und $\frac{5}{8}$ zerfällt.

Fg. Ze. Fig. Ze. zeigt das Verhältniß der Hauptlinien der 2 Kies12flache und der längeren Kanten der 2 Leuzite, der in und umſchriebenen.

35. Hinter §. 31 iſt

§. 31b.

Pyramidenwürfel und Kies12flach

einzuſchalten.

Aus der 35ten Anmerkung S. 136 ergiebt es ſich, wie der Pyramidenwürfel aus dem Kies12flach zu ſchneiden iſt. Seine 6 4kantigen Ecken fallen in die Mitten der 6 Hauptkanten, ſeine 8 3 und 3kantige Ecken in die gleich3kantige Ecken, ſeine 12 Kanten in die Hauptgeren des umſchriebenen Kies12flachs, ſeine 6 $\times$ 4 Kanten in 8 $\times$ 3 Linien, welche von den 8 gleichkantigen Ecken zu den Mitten der Hauptkanten des Kies12flachs gezogen werden. Seine 24 $\triangle$s Höhenlinien fallen mit $\frac{2}{3}$ Hauptlinien

linien zusammen, ganz wie 24 längere Leuzitkanten. Daher stimmt ein Durchschnitt durch 8 solcher △s Höhenlinien mit dem Leuzit8eck völlig überein. Ein Durchschnitt durch eine 4kantige Axe, 2 Paar kürzere Kanten und 2 längere Kanten gleicht dem Durchschnitt des Kies12flachs Fig. X.

Fig. Zf. ab... f ist dieser Durchschnitt. ab und bc 2 der 24 Pyramidenkanten. Im △ abc ist Fg. Zf.

bl : ac = ¼ Kante : Gere des Würfels

dessen Rechteck acdf, oder wie ¼ Kathete : Hypotenuse eines gleichschenkligen rechtwinkligen △s. 2 solcher △e mit einer gemeinschaftlichen Grundlinie, geben eine Raute, deren lange Gere zur kurzen sich verhält, wie die Hypotenuse zur halben Kathete eines gleichschenkligen rechtwinkligen △s. Diese Raute tritt demnach in ein Verhältniß zur Raute des Rauten12flachs.

Hätten beide Rauten Fig. Zg. dieselbe Hypotenuse ac zur langen Gere, so würde die kurze Gere fe der ersteren, wie gesagt = ½ Kathete, die der zweiten bd = der ganzen Kathete desselben gleichschenklig rechtwinkligen Dreiecks seyn. Der Inhalt der Raute aecf wäre die Hälfte des Inhalts der zweiten abcd. Fg. Zg.

Fig. Zh. Das △ abc eine halbe Kiesraute stelle vor den Durchschnitt durch 2 an einer 4kantigen Ecke des Pyramidenwürfels einander gegenüber liegende △shöhenlinien. ab ist aber = der Höhenlinie eines solchen △s. Mache hd = ab, ziehe ad, dc, so ist adc das △ des Pyramidenwürfels. Fg. Zh.

Verlängere dh bis g, so daß gh = ½ hd.

Ziehe ef ‡ ac, so daß ed = df = $\frac{2}{6}$ ac, also ef = $\frac{2}{3}$ ac.

Ziehe ea, ag, gc, cf, so ist agcfe ein Kies5eck.

Wir können hier noch untersuchen, wie sich der betrachtete bestimmte Pyramidenwürfel verhalte.

a) Zum Würfel. Wenn Fig. 48. den Durchschnitt eines Kies12flachs in dem Kantschnitt des Würfels vorstellt, so stellt Fig. N. den Würfelkantschnitt aeni vor, welchen der Durchschnitt presgtlu durch 8 Höhenlinien des dem Würfel eingeschriebenen Pyramidenwürfels eingezeichnet ist. Man sieht, es ist nur ein doppelter Durchschnitt des Kies12flachs. Daß 6 4kantige Ecken (wie p, c, g, l) des Pyramidenwürfels in die Flächenmitten des umschriebenen Würfels fallen, wissen wir schon.

Da ci $\frac{1}{3}$ von ne abschneidet, so schneidet dg $\frac{1}{6}$ derselben Linie weg, wie leicht zu beweisen. Daher ist die Axe eines der 6 Kantenpaare des Pyramidenwürfels = $\frac{4}{6}$ = $\frac{2}{3}$ der Kantenaxe des umschriebenen Würfels.

Fig. Zf. Fig. Zf. zeigt 2 Würfelrechtecke, zwischen welchen ein Durchschnitt des Pyramidenwürfels beschrieben ist.

b) Aus dem 8flach und Rauten12flach schneidet man diesen Pyramidenwürfel, indem man ihre 4kantigen Ecken auf dieselbe Weise zuspitzt, wie man sie zuschärft, um das Kies12flach zu erhalten. Eben so erhält man den Pyramidenwürfel aus dem Leuzit, wenn man statt 12 längere Kanten alle 24 regelmäßig abstumpft *).

*) Einen 2ten bestimmten Pyramidenwürfel werde ich im folgenden 36sten Zusatz anführen.

Zu §. 33.

36. S. 142. Zum Schluß.

Fig. Zi. nmop Würfelkantschnitt des Würfels Fig. Zi.
Fig. 47. Die Punkte n, f, d, g, e von Fig. Zf, entsprechen den Punkten n′, f′, d′, g′, e′, der Figur 47. ge = $\frac{1}{4}$ mp und df = $\frac{1}{2}$ mn = 2 ge.

Ziehe dg, eq, rt, sf, so ist fdgeqrts Durchschnitt des Kies30flachs durch 2 Paar #e Kanten, 1 Paar #e kurze, 1 Paar #e lange Geren.

Fig. Zk. die vorige Figur, aber 1) sind dg und qe verlängert, bis sie in a; rt, fs verlängert, bis sie in c zusammentreffen. dq = mp.

△ gae ∾ △ daq. ai : al = ge : dq = 6 : 24 = 2 : 8. Es ist kc = ai. Hiernach ist ac eingetheilt. Es ergiebt sich zugleich ae : aq = ag : ad = ge : dq = 1 : 4. Verlängre wx bis b und h, so daß bw = xh = ai. Ziehe db, bf, gh, hr, so ist Fig. Zk. aqhr Fg. Zk.
cfbd Durchschnitt durch 2 Paar #e längere und 2 Paar #e kürzere Kanten des Kies24flachs. fbd und qhr sind Durchschnitte durch die längern Kanten der Pyramiden, welche man vom Kies24flach abschneidet, um das Kies30flach zu erzeugen. — Alle Linien der Figur sind (mit Ausnahme von ad und aq) in gleichartige Theile getheilt. Es ergiebt sich

1. dq = fr = $\frac{6}{7}$ bh
2. df = qr = $\frac{3}{7}$ bh

Um eine der 6 4kantigen Ecken des Kies24flachs liegen 2 Paar ungleich 4kantige Ecken, die Linie, welche ein Paar derselben verbindet, ist doppelt so lang als die Linie, welche das 2te Paar verbindet; jene ist $\frac{6}{7}$, diese $\frac{1}{7}$ einer der 3 Hauptaxen. Im Rechteck dqfr ist daher ein Paar Seiten doppelt so groß als das andere.

3. △ sct. Seine Grundlinie st : Höhenlinie ke
 = 3 : 1
 △ kct. Kathete kt : Kathete kc = 3 : 2, daher ct = $\sqrt{13}$.
 2 △e wie sct mit einer gemeinschaftlichen Grundlinie geben eine Raute, deren kurze Gere : langen = 2 : 3.

4. △ dbf. Seine Grundlinie df : Höhenlinie bw = 6 : 1.
 △ bwf. bw : wf = 1 : 3 und bf = $\sqrt{10}$.
 Eine Raute aus 2 △en wie dbf, die mit ihrer gemeinschaftlichen Grundlinie zusammengesetzt sind. Die kurze Gere : langen = 1 : 3. Dies entspricht also ganz dem Durchschnitt durch 2 längere Kanten der Leuzitpyramide. Aber die Grundfläche der Leuzitpyramide ist die Raute des Rauten12flachs — die Grundfläche gegenwärtiger Pyramide die Kiesraute.

5. △ dbf = 2 △n sct. Gleiche Höhe, doppelte Grundlinie bei dbf.

Aus regelmäßiger Abstumpfung der 6 Paar kürzeren Kanten des Kies24flachs würde ein dem Kies12flach ähnliches 12flach hervorgehn, dessen Hauptkantenwinkel zwischen 143° und 144°. Aus diesem 12flach ließe sich nun ein Pyramidenwürfel schneiden, der (wahrscheinlich) mit dem von Hauy beim Flußspath aufgeführten (Pl. XXXII. Fig. 89) ganz übereinstimmte.

Zu §. 35.

37. S. 161. Statt „Folgende Figuren spielen im Würfelgeschlecht" bis S. 162 Z. 2 von oben, stehe dies.

Folgende Figuren spielen im Würfelgeschlecht eine große Rolle.

1. Das Geviert. Gleichschenkliges rechtwinkliges △.
2. Das Würfelrechteck. Rechtwinkliges △, in welchem K. 1 : K. 2 : H $= \sqrt{1 : 2 : 3}$.
3. Die Raute des Rauten12flachs. Die lange Gere : kurzen $= \sqrt{2} : 1$. △ wie bei 2.
4. Die Kiesraute. Die lange Gere : kurzen $=$ 2 : 1. △ dessen K. 1 : K. 2 : H. $= 1 : 2 : \sqrt{5}$.
5. Die Leuzitraute. Die lange Gere : kurzen $= 3 : 1$. △ dessen K. 1 : K. 2 : H $= 1 : 3 : \sqrt{10}$.
6. △ dessen K. 1 : K 2 : H $= \sqrt{1 : 8 : 9}$. Beim 4flach ꝛc.
7. △ dessen K. 1 : K 2 $= 1 : \sqrt{\frac{2}{3}}$. Beim Leuzit. Fig. L.
8. △ dessen K. 1 : K. 2 : H. $= 2 : 3 : \sqrt{13}$. Fig. Z*k*. beim Kies24flach.
9. Die Raute aecf (Fig. Z*s*.) deren kurze Gere : langen $= \sqrt{\frac{1}{2}} : 2$.

Aus trigonometrischer Berechnung dieser wenigen △e, lassen sich nun unmittelbar oder mittelbar fast alle im Würfelgeschlecht vorkommenden Winkelgrößen berechnen. Hat man z. B. die Winkelgrößen des unter 2 aufgeführten △s berechnet — woraus sich unmittelbar die Winkel für no. 3, mittelbar für no. 6

ergeben, so gehn daraus alle Winkelgrößen beim Würfel, 8flach, Rauten12flach, 4flach und zum Theil beim Leuzit hervor. Erst beim Leuzit bedarf es 2 neuer Berechnungen, nämlich von dem unter 4 aufgeführten △ (woraus sich mittelbar die Winkelgrößen des △s no. 5 ergeben), und von dem unter no. 7 aufgeführten.

Hieraus wird das in der Einleitung Gesagte klarer werden, daß ich nämlich in meinem Abc Buche die trigonometrische Berechnung auf geometrischen Wege einzuleiten mich bemüht habe.

IV.

Zusätze zu den Aufgaben.

1. Zu §. 3.

S. 225. 3b. Schneide einen Würfel queer durch die Mitten 4 ♯er Kanten. Welche Figur bildet der Durchschnitt? (Kantschnitt).

3c. Schneide einen Würfel durch 2 ♯e Geren und 2 ♯e Kanten. Verzeichne die Durchschnittsfigur. (Gerschnitt. Würfelrechteck).

3d. Wie viel Kantschnitte, wie viel Gerschnitte sind beim Würfel möglich?

Zu 4. Statt „der Schnitt geht rechtwinklig durch die Axe", lies: geht der Schnitt rechtwinklig durch die Axe? —

Hinter: „Welchen Winkel bildet die Kante mit der Würfelaxe?" füge hinzu: Unter welchen Winkeln kreuzen sich die Würfelaxen?

Zum Schluß die Frage: Wie verhalten sich die Seiten im △ von ungefähr 90°, 70°, 20°.

2. Zu §. 4.

S. 225. Zu 3. Wie verhält sich der kleine Halbmesser dieses △s zum großen?

3. Zu §. 8.

A. S. 227. 3b. Wie verhalten sich die △e des eingeschriebenen 8flachs zu den △en des Mittelkrystalls dieser Folge? Wie verhalten sich die Gevierte des Mittelkrystalls zu den Gevierten des ersten (umschriebenen) Würfels?

6b. Zerlege das eingeschriebene 8flach durch seine 3 Kantengevierte in 8 3seitige Pyramiden. Wie verhält sich eine solche Pyramide zu einer der 8 Pyramiden welche vom umschriebenen Würfel abgeschnitten werden, um den Mittelkrystall zu bilden? Wie vielster Theil der Würfelaxe wird durch eine der letztern Pyramiden weggenommen? —

B. 1b. Wie kommen Ger- und Kantschnitt beim 8flach zu liegen?

S. 227. 1c. Wie verhält sich ein △ des Mittelkrystalls zu einem △ des umschriebenen 8flachs? Wie demnach die Seite vom Geviert des Mittelkrystalls zur Kante dieses 8flachs?

Zu §. 9.

A. S. 227. 1b. Jede Abstumpfungsfläche einer Würfelkante ist # einem Würfelrechteck. Wie vielen Würfelaxen ist sie #? Wie viel Abstumpfungsflächen sind einer Würfelaxe #? Wende dies auf das Rauten12flach an.

B. S. 228. 1b. Gieb den Würfelgerschnitt und den Würfelkantschnitt an. —

4. Ein Würfel in 6 4kantige Pyramiden zerlegt, deren jede eine Würfelfläche zur Grundfläche und ihre Spitze im Mittelpunkte des Würfels hätte. Gieb die Grundkantenwinkel, Flächenwinkel, die Winkel welchen 2 in einer Spitze zusammengeneigte Flächen bilden rc. an. Wie verhält sich eine solche Pyramide zu einer der 6 Pyramiden welche in der vorhergehenden Nummer 5 betrachtet wurden?

Zu 8. Wie verhält sich die 3kantige Axe zur 4kantigen, in Zahlen ausgedrückt?

S. 229. 13b. Ist die Säule wirklich regelmäßig, ihre Endfläche ein regelmäßiges 6eck? Wie groß ist der Kantenwinkel des Rauten12flachs?

13c. Wie verhält sich die Kantenaxe des Rauten12flachs zur Flächenaxe oder langen Gere?

Zu §. 10.

S. 230. 3. „Wie verhält sich die Kante" füge hinzu: die kurze Gere.

Zu §. 11.

S. 232. Cb. Wie verhält sich die Hauptaxe zur 3kantigen Axe des Leuzit?

E. Wie verhält sich wohl irgend eine Linie des umschriebenen 12flachs zu einer gleichartigen Linie des eingeschriebenen?*)

3b. Beweise daß es 24 längere, 24 kürzere Leuzitkanten giebt. (Die 8te Aufgabe fällt weg).

*) Diese Frage diene um auf die Unmöglichkeit einer solchen unmittelbaren Vergleichung aufmerksam zu machen.

3° Ver=

3c. Verzeichne den Durchschnitt des Leuzits durch 4 kurze Geren und 4 kurze Kanten, welche in derselben Ebene liegen.

S. 233. 6b. Wenn du die 3kantige Leuzitecke durch ihre 3 Grundgeren abstumpfst, wie vielster Theil der 3kantigen Axe wird hierdurch weggeschnitten?

6c. Halt die 3kantige Leuzitaxe senkrecht. Waagrechtes regelmäßiges 6eck, dessen Ecken in 6 ungleich 4kantige Leuzitecken fallen. In dieses beschreibe ein zweites regelmäßiges 6eck, in das zweite ein drittes. Diese 3 Sechsecke durch welche Linien des Leuzit und des ihm um- und eingeschriebenen Rauten12flachs werden sie gebildet? Es frägt sich

a) Noch einmal: wie verhält sich die längere Leuzitgere zur ungleichkantigen Leuzitaxe?

b) Noch einmal: wie verhält sich die Flächenaxe des umschriebenen Rauten12flachs zur Flächenaxe des eingeschriebenen?

c) Wie verhält sich die Linie, welche die Ger-Kreutzpunkte 2er Flächen die einander an einer ungleich 4kantigen Ecke gegenüber liegen, verbindet, zur Flächenaxe des Leuzit? — d. i. zur Linie welche die Ger-Kreutzpunkte 2er #en Leuzitflächen verbindet.

Zwischen C. 4 und 5 schalte ein:

a) Verzeichne den Durchschnitt durch 8 längere Leuzitkanten — das Leuzit8eck — nach Maasgabe des eingeschriebenen und des umschriebenen Rauten12flachs.

b) Gleichschenkliges △ welches 2 längere Leuzitkanten bilden — 2 Seiten des Leuzit8ecks —

die in einer ungleich4kantigen Ecke zusammenstoßen. Wie verhält sich dessen Grundlinie zur Höhenlinie? — Wie verhalten sich in dem durch die hälftende Höhenlinie gebildeten rechtwinkligen △e beide Katheten?

c) 2 solche △e mit ihren Grundlinien an einander gesetzt bilden eine Raute. Wie verhält sich die lange Gere dieser Raute zur kurzen?

d) Gleichschenkliges △ welches 2 längere Leuzitkanten bilden, die an einer Hauptecke zusammenstoßen. (Wiederhole die Fragen von b. c.)

Zu §. 12.

C. S. 235. 1c. Leuzit mit eingeschriebenem Würfel. △ von der Würfelkante und 2 kurzen Leuzitkanten gebildet. Wie verhält sich dessen Höhenlinie zur Grundlinie? Wie verhalten sich in dem durch die hälftende Höhenlinie gebildeten rechtwinkligen △e beide Katheten? —

S. 236. 7. Leuzit8eck mit umschriebenem Würfelkantschnitt. Verlängere die Hauptleuzitaxen. Von den 4 Hauptecken aus verlängere die Leuzitkanten, bis sie jene verlängerten Axen treffen. Welche 2 Figuren entstehn? Wie schneiden ihre Seiten, die Seiten des umschriebenen Würfelkantschnitts? Welche 2 neue Arten das Leuzit8eck zu verzeichnen ergeben sich hieraus?

8. Kannst du noch andere Arten, das Leuzit8eck zu verzeichnen, auffinden?

Zu §. 13.

A. S. 238. 17. Wie verhält sich die Hauptleuzitaxe zur ungleich 4kantigen Axe? — Beide mit Seiten eines gleichschenklig rechtwinkligen △s gemessen.

Zu §. 15.

A. S. 240. 5b. Beweise daß die Kantenaxe des 4flachs durch eine Axe desselben gehälftet wird.

11. Wie verhalten sich 2 Rauten des Rauten12flachs, wenn die kurze Gere der ersten = der langen Gere der zweiten ist? —

Zu §. 28.

A. S. 250. 6. Wie verhält sich die Hauptlinie des Kies12flachs zur ungleich 3kantigen Axe?

7. Würfelkantschnitt mit eingeschriebenem Kiesdurchschnitt. Woran erinnert er? Welcher Winkel stimmt mit dem Hauptkantenwinkel des Kies12flachs bei einem früher betrachteten Körper überein? —

B. S. 251. 6. Verzeichne das 5eck des Kies12flachs ohne gegebene Winkel.

Zu §. 30.

B. S. 252. 1b. Welche Punkte des eingeschriebenen Kies12flachs treffen mit Punkten des umschriebenen Rauten12flachs zusammen?

1c. Wie verhält sich die Hauptgere des eingeschriebenen Kies12flachs zur 4kantigen Axe des umschriebenen Rauten12flachs?

1d. Wie verhält sich die 3kantige Axe des umschriebenen Rauten12flachs zur gleich 3kantigen Axe des eingeschriebenen Kies12flachs?

C. A. Wie verhält sich ein Rauten12flach um, zu einem Rauten12flach in ein Kies12flach beschrieben?

B. Wie verhält sich ein Kies12flach um, zu einem Kies12flach in ein Rauten12flach beschrieben?

Zu §. 31b.

Pyramidenwürfel und Kies12flach.

S. 253. 1. Stelle die Folge aus dem Kies12flach in den Pyramidenwürfel. Beschreibe dieselbe.

2. Welche Punkte und Linien beider Körper fallen zusammen?

3. Verzeichne die 2 Durchschnitte des Pyramidenwürfels, welche dem Kant- und Eerschnitt des ihm eingeschriebenen Würfels entsprechen.

4. Gieb die Eigenschaften des △s an, welches 2 an einer 4kantigen Ecke zusammengeneigte Kanten des Pyramidenwürfels bilden.

5. Bilde diesen eingeschriebenen Pyramidenwürfel aus dem Würfel welcher dem umschriebenen Kies12flach umschrieben ist.

6. Wie würde dieser bestimmte Pyramidenwürfel aus einem 8flach, Rauten12flach u. Leuzit zu bilden seyn?

7. Verzeichne das 5eck des Kies12flachs nach Maasgabe der eben gelösten Aufgaben.

Zu §. 33.

S. 254. 3b. Um eine der 6 Hauptecken des Kies24flachs liegen 2 Paar ungleichkantige Ecken. Wie verhält sich die Linie welche das eine Paar verbindet zur Linie welche das andere Paar verbindet? Wie verhalten sich beide Linien zu einer der 3 Hauptaxen?

3c. Welcher Art △ bilden 2 kürzere an einer Hauptecke zusammentreffende kürzere Kanten des Kies24flachs?

Diese Fragen zu beantworten, gehe von der Art aus, wie Hauy das Kies30flach aus dem Würfel schneidet. —

FSC
www.fsc.org
MIX
Papier | Fördert gute Waldnutzung
FSC® C083411

Zeitfracht Medien GmbH
Ferdinand-Jühlke-Straße 7
99095 Erfurt, Deutschland
produktsicherheit@kolibri360.de